Somdeb Mondal

Conceção de pavimentos flexíveis

Somdeb Mondal

Conceção de pavimentos flexíveis

Disposições do Código Indiano sobre pavimentos flexíveis

ScienciaScripts

Imprint
Any brand names and product names mentioned in this book are subject to trademark, brand or patent protection and are trademarks or registered trademarks of their respective holders. The use of brand names, product names, common names, trade names, product descriptions etc. even without a particular marking in this work is in no way to be construed to mean that such names may be regarded as unrestricted in respect of trademark and brand protection legislation and could thus be used by anyone.

Cover image: www.ingimage.com

This book is a translation from the original published under ISBN 978-620-7-65259-4.

Publisher:
Sciencia Scripts
is a trademark of
Dodo Books Indian Ocean Ltd. and OmniScriptum S.R.L publishing group

120 High Road, East Finchley, London, N2 9ED, United Kingdom
Str. Armeneasca 28/1, office 1, Chisinau MD-2012, Republic of Moldova, Europe
Printed at: see last page
ISBN: 978-620-7-98378-0

RESUMO

As auto-estradas nacionais são a espinha dorsal do transporte rodoviário e ligam todas as estradas cruciais do nosso país. O tráfego de mercadorias e passageiros do país depende maioritariamente do transporte rodoviário. As auto-estradas nacionais (NH) são a categoria mais importante de estradas e têm atualmente uma extensão de 1 42 126 km. A sua atividade representa cerca de 40 % do tráfego total do país. Os pavimentos flexíveis têm uma resistência à flexão fraca ou insignificante e dobram na sua ação estrutural sob a influência da carga. A vida útil deste tipo de pavimentos é geralmente projectada para um intervalo entre 15 e 20 anos. As espessuras necessárias das respectivas camadas de um pavimento betuminoso diferem muito em função da extensão e do número de repetições das cargas de tráfego, dos materiais a utilizar, das diversas condições ambientais e regionais e do tempo de vida desejado para o pavimento. Para a utilização de tipos de materiais não convencionais, mesmo na sub-base e na base, podem ser utilizadas as mais recentes diretrizes do método de conceção publicadas no IRC: 37-2018. Este método baseia-se numa abordagem mecanicista-empírica do projeto para a análise de pavimentos flexíveis. Estamos a utilizar as mesmas diretrizes do IRC para o projeto e a verificação do pavimento. O troço entre Solan e Parwanoo (perto de Kumarhatti) na NH 5 é considerado para a análise e todos os dados importantes necessários são recolhidos através do gabinete da NHAI, em Shimla. Com base nos dados de tráfego, calcula-se o tráfego de projeto cumulativo em eixos-padrão para o período de vida previsto. Utilizando o método IRC para o dimensionamento de pavimentos flexíveis e considerando os eixos padrão acumulados e o valor CBR efetivo para o dimensionamento efetivo, o pavimento está a ser dimensionado para um período de 15 anos.

Palavras-chave: Resistência à flexão; Pavimento flexível; Tráfego de projeto; Eixos-padrão acumulados; Espessura do pavimento; CBR efetivo; mecanístico-empírico; VDF

ÍNDICE

RESUMO 1

ÍNDICE... 2

CAPÍTULO 1 INTRODUÇÃO 4

CAPÍTULO 2 REVISÃO DA LITERATURA 8

CAPÍTULO 3 CRITÉRIOS DE DESEMPENHO DO PAVIMENTO 13

CAPÍTULO 4 PAVIMENTOS 17

CAPÍTULO 5 COMPONENTES DE PAVIMENTOS FLEXÍVEIS 19

CAPÍTULO 6 TRÁFEGO 27

CAPÍTULO 7 METODOLOGIA DOS ENSAIOS LABORATORIAIS 30

CAPÍTULO 8 RESULTADOS E CONCLUSÕES 35

REFERÊNCIAS 47

APÊNDICE 49

LISTA DE ABREVIATURAS

AASHO -	Associação Americana de Funcionários de Estradas Estaduais
AASHTO -	Associação Americana de Auto-estradas Estaduais e Funcionários dos transportes
ASTM -	Sociedade Americana de Ensaios e Materiais
BM -	Macadame betuminoso
BC-	Curso de fichário
CBR -	Rácio de suporte da Califórnia
csa -	Eixos standard acumulados
DBM-	Macadame betuminoso denso
GB -	Base granular
GSB -	Sub-base granular
IRC -	Congresso Indiano de Estradas
MoRTH -	Ministério dos Transportes Rodoviários e das Auto-estradas
MPa -	Mega Pascal
NHAI -	Autoridade Nacional das Auto-estradas da Índia
OMC-	Teor de humidade ótimo
VDF -	Fator de danos no veículo
WBM -	Macadame ligado à água
WMM -	Macadame de mistura húmida

CAPÍTULO 1 INTRODUÇÃO

1.1 Introdução geral

Os pavimentos flexíveis são designados por flexíveis devido ao facto de a estrutura total se desviar, ou flexionar, sob carga. Cada camada recebe a carga da camada superior, espalha-a por toda a parte e, em seguida, passa essas cargas para a camada de suporte seguinte, que se encontra por baixo. O principal objetivo da conceção de um pavimento flexível é criar uma estrutura que seja eficiente na resistência às cargas de tráfego que lhe serão transferidas durante o período de vida útil do pavimento. O seu procedimento de projeto exige a determinação das espessuras das respectivas camadas com base nas propriedades de resistência dos materiais do pavimento. Atualmente, as auto-estradas nacionais (EN), com um comprimento total de cerca de 1 42 126 km, são a categoria de estradas mais importante. A autoestrada nacional 5 vai de oeste para leste e liga o Punjab à fronteira entre a Índia e a China em Shipki La. A autoestrada passa por Ludhiana, Chandigarh, Panchkula, Kalka, Solan, Shimla, Theog, Narkanda e continua ao longo do rio Sutlej até ao seu destino final, perto da fronteira com o Tibete.

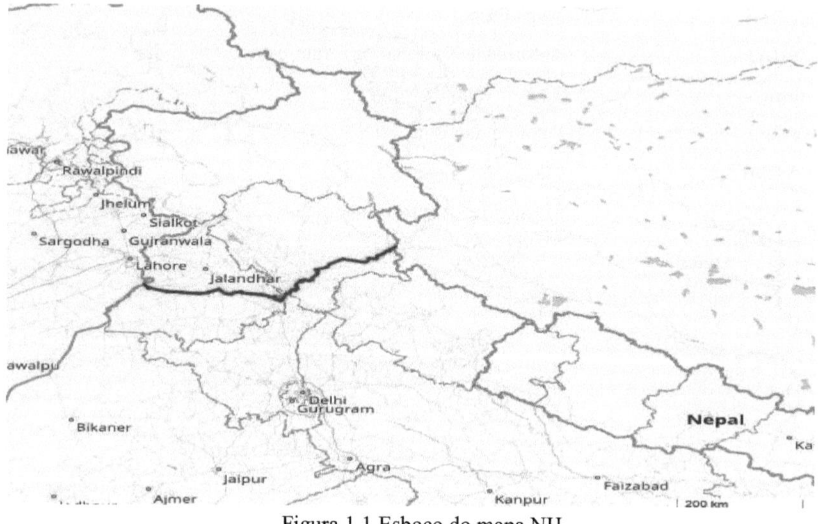

Figura 1.1 Esboço do mapa NH

1.2. Antecedentes do projeto

O movimento e o transporte mais rápidos de vários bens num país como a Índia são uma força orientadora do desenvolvimento económico. O transporte mais rápido de bens de consumo requer sistemas de transporte completos e confortáveis e, por conseguinte, o aumento do tráfego rodoviário exige uma melhoria da qualidade de condução das estradas, com mais conforto e uma circulação sem interrupções. Por conseguinte, torna-se essencial desenvolver novas estradas e reparar todas as outras estradas de ligação. No recente ambiente económico da Índia, o desenvolvimento dos transportes rodoviários tem por objetivo melhorar a competitividade internacional das exportações e atrair investimentos diretos estrangeiros. Tendo em conta os benefícios, os projectos rodoviários estão a ser cada vez mais apoiados por agências de financiamento nacionais e outras agências e partes interessadas. Tendo em conta os factos referidos, a Autoridade Nacional das Auto-estradas da Índia (NHAI) decidiu construir e alargar a autoestrada de 4 faixas, incluindo o troço da NH-22 de Solan a Shimla. Este troço abrange os distritos de Solan e Shimla de Himachal Pradesh. O comprimento do projeto proposto é de 50,507 km. O troço rodoviário proposto faz parte da avenida turística e liga as cidades de Kalka, Shimla, Parwanoo, Ambala, Chandigarh, etc. Shimla é a capital e o ponto de atração turística de Himachal Pradesh. Solan é uma cidade importante de Himachal Pradesh, pois está rodeada por muitas indústrias e mercados de maçãs a granel. Esta estrada transporta um tráfego intenso (nos dois sentidos) de Shimla e de outras partes do Estado. Por conseguinte, há uma necessidade imediata de alargar a estrada existente e aumentar a capacidade económica do Estado.

Figura 1.2 Mapa de localização da estrada do projeto

Introdução ao sítio

Escolhemos um troço de 1 km entre Solan e Parwanoo na autoestrada nacional 5. Este local situa-se atualmente perto de Kumarhatti (H.P). Atualmente, a NHAI (National Highway Authority Of India), em associação com a Airef Engineers Pvt. Ltd., está envolvida na construção de 4 faixas na estrada existente na NH 5. O projeto foi iniciado em 2016 e deverá estar concluído no final de 2020. Uma vez que o local se situa num terreno montanhoso, é necessário um plano de gestão adequado de desenvolvimento sustentável para realizar a construção. O pavimento foi selecionado como um pavimento flexível com uma vida útil de 15-20 anos.

Figura 1.3 Foto do local da estirada

Plano de trabalho pormenorizado/metodologia

- Avaliar e analisar as caraterísticas do solo e os padrões de tráfego

- Analisar todos os dados de tráfego para encontrar estimativas da variação anual, mensal e diária da carga de tráfego.

- Encontrar o teor de humidade ótimo e o valor relativo de C.B.R do solo de sub-base.

- Com a ajuda de uma fórmula empírica, o módulo de resistência dos diferentes componentes do pavimento deve ser avaliado utilizando as disposições sugeridas publicadas no IRC: 37-2018.

- É necessário efetuar cálculos para conhecer o valor das equações de fiabilidade para verificar os nossos parâmetros estruturais.

- Para calcular o tráfego de projeto que será utilizado na análise do pavimento e no cálculo do módulo de resistência.

- Selecionar o pavimento experimental utilizando os dados CBR e o projeto de tráfego.

- Instalar e utilizar o software IIT-Pave para analisar a estrutura do nosso pavimento

- Verificar todos os valores avaliados com os valores encontrados empiricamente através de modelos mecanístico-empíricos.

- Estudar e analisar todos os resultados para fornecer diretrizes para o procedimento de conceção e os requisitos estruturais de um pavimento.

- Para atingir estes objectivos, é necessário realizar inquéritos de tráfego e o seu estudo, o ensaio de proctor da amostra de 500 mm do solo superior e inferior, o ensaio CBR da amostra de solo é muito necessário para conhecer o perfil do solo e adotar diferentes espessuras de pavimento para diferentes camadas utilizando as disposições do IRC:37 2018 e utilizando o software IIT PAVE. É necessário adotar procedimentos de conceção que resultem em desenvolvimentos económicos e sustentáveis de novas estradas em terrenos montanhosos. Também devemos estudar as condições topográficas e climáticas locais para melhorar os procedimentos de projeto e aumentar ainda mais a operacionalidade das estradas recém-construídas.

CAPÍTULO 2 REVISÃO DA LITERATURA

Introdução geral

As condições de tráfego e as caraterísticas do solo da sub-base são importantes para a conceção de um pavimento flexível. A espessura do pavimento varia com a alteração do valor de C.B.R. (Com um valor mais elevado de C.B.R. a espessura do pavimento é menor e vice-versa). Aqui estudaremos e observaremos diferentes revistas de renome e relatórios de literatura relacionados com o nosso projeto. Isto ajudar-nos-á a encontrar e a eliminar diferentes erros que possam surgir no início do nosso projeto. Além disso, este estudo dar-nos-á uma ideia mais ampla das situações práticas em que é necessário tomar precauções. A semelhança de alguns destes trabalhos bibliográficos ajudar-me-á a completar a minha investigação sobre a conceção de pavimentos flexíveis. Podemos aprender muitas coisas com os seus resultados e conclusões.

Revisão da literatura

*   **Kumar Ravinder (2014) [1]**, através da sua investigação sobre o estudo de tráfego e o projeto estrutural de pavimentos flexíveis utilizando base e sub-base cimentadas. Utilizou as diretrizes de projeto actualizadas do IRC: 37-2012, que é um método de projeto mecanístico-empírico, e discutiu a utilização de tipos de materiais não convencionais também na base e na sub-base. Através do seu estudo, observou que a conceção de pavimentos flexíveis utilizando camadas não convencionais necessita de uma menor quantidade de betume, reduzindo assim a espessura do pavimento. O método de dimensionamento IRC pode ser adotado para conhecer a espessura necessária do pavimento devido à sua aplicação fácil e prática. O movimento do tráfego e as caraterísticas do solo sub-superficial têm de ser estudados e necessários para projetar um pavimento.

*   **Pranshul Sahu, Ritesh Kamble (2017) [2]** observaram que a espessura do pavimento difere com a alteração do valor C.B.R.. (Com um valor C.B.R. mais elevado, a espessura do pavimento é menor e vice-versa). A diminuição da espessura do pavimento reduzirá a quantidade de betume necessária, tornando o projeto mais económico.

*   **P. Sikdar, S. Jain, S.Bose, P. Kumar (1999) [3]** observaram que, se os buracos forem numerosos ou frequentes, isso pode indicar um problema primário, como um pavimento inadequado ou um revestimento deteriorado que requer restauração ou reabilitação. A entrada de água no pavimento é a principal causa e pode ser provocada por uma superfície fendida. As bermas

altas ou o abatimento do pavimento resultam na acumulação de água sobre a superfície do pavimento.

- **Sireesh Saride, Pranav R. T. Peddinti, Munwar B. Basha (2019) [4]** através do seu modelo de otimização do projeto baseado na fiabilidade (RBDO), avaliaram o sistema de pavimento flexível de quatro camadas e o principal interesse da sua investigação foi o projeto ideal de pavimentos flexíveis no que diz respeito ao desempenho à fadiga e ao cio, tendo em conta a inconsistência relacionada com as variáveis de projeto. Através da sua investigação, observaram que a conceção de pavimentos flexíveis pode ser melhorada através da análise da variabilidade relacionada com as propriedades geométricas e materiais das camadas do pavimento. A variabilidade relacionada com as caraterísticas geométricas e materiais das camadas do pavimento flexível dá origem a inconsistências nas tensões de fadiga e de rotura e, finalmente, afecta a espessura de projeto do pavimento do sistema.

- **Samuel B. Cooper III, Mostafa Elseifi, Louay N. Mohammad, Marwa Hassan (2012) [5]**, através da sua abordagem de conceção mecanicista-empírica de pavimentos, avaliaram os efeitos de tecnologias sustentáveis selecionadas no desempenho previsto pela programação do Guia de conceção mecanicista-empírica de pavimentos (MEPDG) para avaliar as despesas do ciclo de vida dos pavimentos construídos com estas opções sustentáveis e presumiram que as previsões do MEPDG para o desempenho em termos de cio e fendilhação eram bastante diferentes das avaliadas a partir de ensaios físicos em laboratório. Prevê-se que tais desvios sejam causados pelos modelos de desempenho em matéria de cio e fendilhação do MEPDG, que utilizam o E* como fator principal na descrição das propriedades mecanísticas da mistura.

- **Bhrugu Kotak, Parth Zala, Abhijit singh Parmar, Dhaval M Patel, Mittal Patel [2015] [6]**, através do seu estudo de caso sobre um troço de estrada entre dois pontos numa zona rural, que visa proporcionar uma abordagem rentável, segura e económica que conduza a menos custos de reparação e manutenção. Para atingir os seus objectivos, utilizaram a abordagem IRC de conceção, utilizando dados de tráfego e caraterísticas do solo, para obter uma conceção económica e duradoura da superfície do pavimento.

- **K. V R D N Sai Bruhaspathi, DR. B. N D Narasinga Rao, (2012) [7]** através do seu estudo de caso sobre a redução da espessura do pavimento utilizando o IRC 37: 2001 e considerando os princípios mecanicistas-empíricos com materiais não convencionais na conceção do pavimento. Concluíram que, com esta análise do projeto de pavimento, será fácil construir o pavimento utilizando métodos de projeto de pavimento não convencionais, tal como referido por eles. Além disso, isto resultará num melhor desempenho do pavimento, aumentando assim a sua vida útil e conduzindo a uma poupança efectiva de custos.

- **Hofstra e Klomp (1972) [8]** verificaram que a deformação em pavimentos flexíveis era significativa na superfície de imposição da carga e diminuía gradualmente consoante a profundidade. Isto deve-se ao facto de o arrastamento das rodas provocar uma deformação permanente e, assim, o aumento da profundidade aumenta a resistência, resultando em tensões de corte reduzidas. O asfalto com baixa resistência ao cisalhamento, necessário para resistir às cargas repetitivas do tráfego, apresenta um grave problema de trilhamento das rodas. O problema é mais extremo, especialmente durante o verão, quando se observam temperaturas elevadas na superfície do pavimento.

- **Sousa et al. (1991) [9]**, na sua investigação, afirmaram que o arrastamento das rodas aumenta gradualmente sob a influência de cargas contínuas e é tipicamente representado sob a forma de deformações ao longo das marcas das rodas, acompanhadas por pequenos rearranjos em ambas as extremidades. As duas principais causas que contribuem para o trilhamento das rodas são a compressão e a deformação por cisalhamento e este fenómeno pode ocorrer muitas vezes durante a vida de um pavimento.

- **Woods e Adcox (2004) [10]** afirmaram que a falha do pavimento pode ser vista como uma falha estrutural, funcional ou de materiais, ou uma mistura de todas elas. A falha estrutural é a perda de capacidade de suporte de carga, levando à incapacidade da superfície do pavimento para reter e transferir a carga da roda através da estrutura do pavimento sem causar uma maior deterioração. A falha funcional é um termo abrangente, que significa a redução da eficiência de certas funções da estrada, como a resistência à derrapagem, a capacidade estrutural e a facilidade de manutenção ou o conforto do utente. A falha dos materiais resulta geralmente da rutura ou da redução das propriedades materiais de qualquer um dos respectivos materiais componentes.

- **A. Ahmed (2008) [11]** concluiu que a fissuração da superfície do pavimento resulta em vários problemas, como o desconforto para os passageiros, a perda de segurança dos utilizadores, etc. Para além disso, a entrada de água no pavimento provoca uma diminuição da resistência global nas camadas inferiores e também reduz a capacidade de suporte final do solo subjacente, expondo a superfície da terra através de fissuras, o que constitui também um problema considerável relacionado com a superfície do pavimento.

- **O Indian Road Congress (2018) [12]** recomenda a utilização de misturas betuminosas e ligantes com melhor desempenho para as camadas de superfície e de base. Além disso, sugere a espessura mínima exigida para as sub-bases, bases e camadas betuminosas granulares e tratadas com cimento, com base em requisitos estruturais e económicos. O IRC sugeriu a simplificação do processo de cálculo do módulo de resiliência efetivo e do módulo de elasticidade efetivo.

C.B.R. de subgrau e fornece uma abordagem mecanicista-empírica.

Resumo da revisão da literatura

- Todos os procedimentos de conceção acima referidos foram efectuados de acordo com o IRC: 37-2012 ou com as orientações anteriores do IRC.
- Algumas das principais caraterísticas do IRC: 37-2018 são
1. Abordagem de conceção empírica mecanicista
2. Redução da humidade extra do interior do pavimento, proporcionando assim um apoio à drenagem.
3. O afundamento do subleito é um importante critério de desempenho e a tensão de compressão vertical é considerada um parâmetro importante para verificar o afundamento do subleito.
- Analisando um dos artigos, verificámos que, na conceção da superfície do pavimento flexível, as camadas não convencionais requerem uma menor espessura do pavimento e uma quantidade relativamente menor de betume, o que pode poupar material, especialmente agregados, e é considerado bom do ponto de vista ambiental.
- A estimativa do tráfego e das caraterísticas do solo da sub-base é importante para a conceção de um pavimento utilizando as disposições do IRC: 37-2018. As diretrizes de dimensionamento do IRC: 37-2018 podem ser consultadas para avaliar as diferentes espessuras de pavimento devido aos seus procedimentos de dimensionamento fáceis e relativos.
- As anteriores concepções de pavimentos eram complexas para proporcionar uma abordagem económica à conceção de pavimentos. Uma disposição mais recente do IRC fornece uma solução adequada para métodos de conceção económicos e que poupam tempo.
- A espessura do pavimento desempenha um papel importante na conceção sustentável dos pavimentos.
- No último guia de conceção, é introduzida uma abordagem empírica dos critérios de desempenho, tais como os critérios de subgrau de cio e de fendilhação por fadiga, com uma fiabilidade de até 90%. Esta abordagem mecanicista-empírica fornece uma imagem clara da exatidão da previsão das caraterísticas de cio e de fadiga do desempenho do subleito.
- Com o avanço das tecnologias, o principal objetivo é desenvolver uma conceção de pavimento que seja útil do ponto de vista do utilizador. O conforto e a segurança do passageiro é um dos principais factores a ter em conta antes de conceber os pavimentos.

- As reparações e reabilitações não são fáceis em estradas movimentadas (auto-estradas estatais, nacionais e outras estradas importantes), pelo que o projeto de um pavimento deve suportar uma carga de tráfego pesada durante o período de vida previsto. Por conseguinte, é muito difícil obter tal precisão e a reparação é frequentemente tida em conta devido às diversas condições climáticas.

CAPÍTULO 3
CRITÉRIOS DE DESEMPENHO DOS PAVIMENTOS

Introdução geral

O estudo da conceção de pavimentos centra-se na conceção de pavimentos que possam servir todos os requisitos funcionais e estruturais do pavimento durante o período de serviço planeado. Alguns dos indicadores de desempenho funcional e estrutural dos pavimentos são a rugosidade devida à variação do perfil da superfície, as fissuras nas camadas delimitadas por misturas de betume ou material cimentício, o afundamento da sub-base inalterada ou parcialmente alterada, as camadas granulares e as superfícies betuminosas. A eficiência do pavimento é avaliada principalmente através de dois critérios de desempenho (a) empírico (retirado de experiências passadas) ou (b) mecanicista-empírico, em que a eficiência do desempenho é medida em termos de parâmetros funcionais, tais como tensões, deformações e deflexões avaliadas através de modelos teóricos especificados e utilizando as diretrizes do IRC. Aproximadamente, todos os métodos de projeto recentes consideram a relação empírico-mecanística para o projeto eficaz de pavimentos flexíveis. Este método é muito fiável, uma vez que, para cada risco estrutural específico, os parâmetros mecanicistas individuais são definidos e indicados para um valor admissível (mínimo) no procedimento de dimensionamento. Os valores de controlo de qualquer uma destas funções mecanísticas importantes são avaliados a partir dos modelos empíricos de critérios de desempenho.

Os modelos de critérios de desempenho de conceção mecanicista-empírica são muito fiáveis e foram mesmo utilizados nas versões anteriores do IRC: 37. Dada a sua precisão e facilidade de abordagem, o modelo é novamente adotado nesta revisão para a conceção da superfície de pavimentos flexíveis. A "teoria linear elástica em camadas" é aqui adoptada para a avaliação e conceção dos componentes do pavimento. Nesta teoria, o pavimento é considerado como um sistema de várias camadas. A sub-base é a mais baixa de todas as camadas e assume-se como semi-infinita. As outras camadas superiores são consideradas infinitas na extensão horizontal e finitas em profundidade.

Para o cálculo dos parâmetros funcionais (devido à carga aplicada no topo do pavimento), tais como tensões, deformações e deflexões num determinado ponto, são necessários dados em termos de módulo de elasticidade, coeficiente de Poisson e espessuras das respectivas camadas. Iremos utilizar o software IIT-PAVE para analisar o projeto do nosso pavimento flexível. O software IIT-PAVE é uma versão actualizada do FPAVE, que foi utilizado anteriormente para a análise.

Critérios de desempenho

Os seguintes critérios de desempenho são recomendados pelo IRC: 37-2018 guidelines for flexible pavement design.

Critérios de desempenho do sulco do sub-solo

Considera-se que existe um estado crítico de sulcos quando se determina uma profundidade média de sulcos igual ou superior a 20 mm nas trajectórias das rodas. Para determinar a vida útil do sulco da sub-base, são debatidas equações empíricas que constam das diretrizes do IRC. Estas equações fornecem o número equivalente de repetições cumulativas de carga normalizada por eixo (80kN) que podem ser suportadas pelo pavimento, até que a profundidade média do sulco seja igual ou superior a 20 mm, para condições de fiabilidade de 80 e 90 por cento

$$N_R = 4,1656 \times 10^{-08} \, [1/\varepsilon \,]_v^{4.5337} \text{ (para 80 por cento)} \tag{3.1}$$

$$N_R = 1,41 \times 10^{-08} \, [1/\varepsilon \,]_v^{4.5337} \text{ (para 90 por cento)} \tag{3.2}$$

em que, N_R = vida útil do sulco do sub-base

ε_v = deformação de compressão vertical no topo da camada de base

O software IITPAVE é utilizado principalmente para calcular o valor da tensão de compressão vertical no topo do pavimento. Introduzimos valores como as diferentes espessuras das camadas, o coeficiente de Poisson e o módulo de elasticidade e calculamos as tensões, as deformações e os desvios nos pontos selecionados. Utilizando as relações empíricas acima referidas, podemos calcular a vida útil do sulco da sub-base de acordo com as diretrizes IRC: 37-2018. Todos os outros valores necessários para o cálculo também estão presentes nas diretrizes.

Critérios de fendilhação por fadiga para a fendilhação betuminosa

O desenvolvimento de fendilhação por fadiga, compreendendo uma área total no segmento do pavimento em consideração igual ou superior a 20% da área da superfície pavimentada do segmento, é considerado como estando em condição crítica ou de falha. O número equivalente de repetições de carga por eixo padrão (80 kN) que pode ser suportado pela estrada, antes de persistir a condição extrema da área de superfície fissurada de 20 % ou mais, é calculado pelas equações 3.3 e 3.4, respetivamente para níveis de fiabilidade de 80 % e 90 %.

$N_f = 1,6064 * C * 10^{-04} [1/\varepsilon_t] \, 3,89 * [1/M]_{Rm}^{0.854}$ (para 80 por cento de fiabilidade)   (3.3)

$N_f = 0,5161 * C * 10^{-04} [1/\varepsilon_t] \, 3,89 * [1/M]_{Rm}^{0.854}$ (para 90 % de fiabilidade)

(3.4) Em que, C= fator de ajustamento

N_f = vida à fadiga da camada betuminosa

ε_t = tensão de tração horizontal máxima na base da camada betuminosa M_{Rm} = módulo de elasticidade (MPa) da mistura betuminosa utilizada na base

Camada betuminosa

Fiabilidade

De acordo com a recomendação do IRC, devem ser utilizadas equações de fiabilidade de 90% para o afundamento do sub-leito e a fissuração por fadiga da camada betuminosa (discutidos acima) para todas as estradas de categoria principal, tais como vias rápidas, auto-estradas nacionais, auto-estradas estatais e outras estradas rurais e urbanas importantes. Para outros troços de estrada, devem ser utilizadas equações de fiabilidade de 90% para um tráfego de projeto igual ou superior a 20 msa e, para um tráfego de projeto inferior a 20 msa, serão utilizadas equações de fiabilidade de 80%.

Análise de modelos de pavimentos flexíveis

Assumindo o pavimento como um sistema linear elástico em camadas, são calculados diferentes parâmetros funcionais, tais como tensões, deformações e deflexões. Para analisar o sistema linear elástico em camadas, pode ser utilizado o software IIT-PAVE. Este software é eficaz na conceção e análise de pavimentos flexíveis. Como já foi referido, para verificar o desempenho adequado dos pavimentos flexíveis, a deformação vertical por compressão e a deformação horizontal por tração são consideradas os factores mecanicistas essenciais que devem ser verificados no que se refere à cravação da sub-base e à fissuração ascendente das camadas betuminosas. Estas deformações e parâmetros de tensão são calculados utilizando o software.

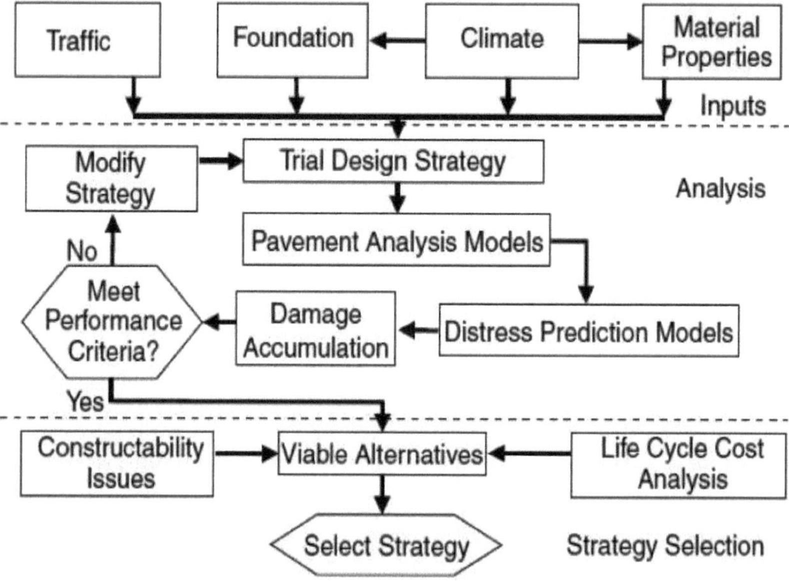

Figura 3.1 Ciclo/procedimento de projeto de pavimentos

CAPÍTULO 4 PAVIMENTOS

Introdução geral

O pavimento é constituído por um material de superfície duradouro colocado numa extensão para suportar a atividade automóvel ou pedestre. Anteriormente, as combinações de paralelepípedos e misturas de pedras eram amplamente aplicadas, mas atualmente estas superfícies estão a ser substituídas por betume ou betão de cimento. Os pavimentos dividem-se principalmente em duas categorias

- Pavimento flexível
- Pavimento rígido

Pavimento flexível

Os pavimentos flexíveis possuem baixa qualidade de flexão e permanecem flexíveis na sua capacidade estrutural sob a influência de cargas efectivas. O reflexo da deformação das camadas inferiores pode ser observado na superfície do pavimento.

Uma estrutura básica de pavimento flexível composta essencialmente por quatro camadas:
Camada de superfícieCamada de   sub-base

Sub-base do   soloCamada de base

Fig 4.1 Colocação do pavimento flexível no local

Pavimento rígido

Os pavimentos rígidos são assim designados devido à sua notável rigidez à flexão. As cargas não são transferidas através da superfície para as camadas inferiores, em comparação com as camadas do pavimento flexível. O pavimento de betão é eficiente na transferência das tensões da carga do tráfego para uma grande área por baixo com pouca profundidade e não necessita de mais camadas para ajudar a reduzir a carga das rodas. Os pavimentos rígidos são principalmente lajes de betão feitas de cimento com elevada resistência à flexão. Qualquer um destes materiais pode ser utilizado para a construção de pavimentos rígidos.

Fig 4.2 Pavimento rígido

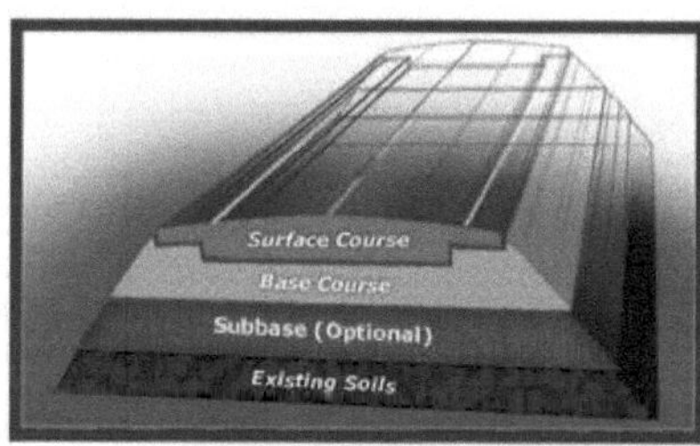

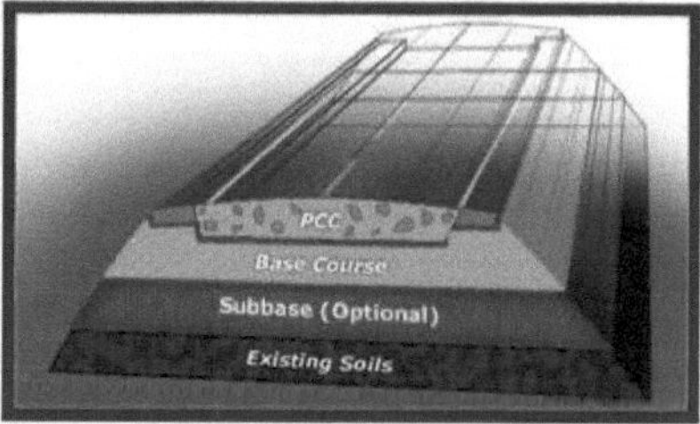

Fig 4.3 Diferença pictórica entre as duas camadas de pavimento

CAPÍTULO 5
COMPONENTES DO PAVIMENTO FLEXÍVEL

Componentes do pavimento e suas funções

- SUBGRAU DO SOLO
- SUB-BASE
- BASE
- CAMADAS BETUMINOSAS

Solo Sub-base

A sub-base do solo é composta por um aterro de solo natural para receber as diferentes camadas de materiais de pavimento colocadas sobre ele. A carga introduzida no pavimento é suscetível de ser transferida para a sub-base do solo para ser distribuída pela massa de solo. É importante notar que, em nenhum momento, a sub-base do solo é submetida a tensões excessivas. Isto sugere que a carga sentida no topo da sub-base está dentro dos limites permitidos, não causando demasiadas tensões ou deformando a sub-base para além do limite elástico. É importante verificar as caraterísticas de resistência e outras propriedades diferentes de um solo de sub-base. Isto ajuda a considerar os valores respectivos das variáveis de resistência para o método de conceção. No caso de a camada de suporte não corresponder às expectativas, é necessário tratamento e estabilização.

Geral

O solo estabilizado constituído por materiais in-situ presentes imediatamente abaixo do pavimento que constituem a fundação do pavimento é conhecido como sub-base. Os 500 mm de profundidade da fundação preparada a partir do topo são referidos como sub-base. Para atingir a força global e resistir aos sulcos causados pela densificação extra, é necessária a compactação do solo com um mínimo de 97% da densidade seca máxima do laboratório para todas as principais categorias de estradas, tais como vias rápidas, auto-estradas nacionais, estradas distritais principais e outras estradas de tráfego intenso.

A camada de base é preparada principalmente a partir dos 500 mm superiores do solo de aterro, mas, por vezes, são utilizados materiais mais resistentes para preparar a camada de base. Nesse caso, a camada de base é constituída por duas camadas distintas, com resistências e propriedades muito diferentes, e a sua participação mútua efectiva é considerada no projeto. A participação efectiva da camada de fundação e das camadas preparadas deve ser considerada em conjunto no plano de conceção.

Na secção anterior, já discutimos que o módulo de resiliência das respectivas camadas distintas do pavimento são os principais valores necessários para a avaliação e o projeto dos pavimentos. Geralmente, utilizamos o valor do California Bearing Ratio (CBR) da amostra para obter o módulo de resiliência devido à sua abordagem simples. A estimativa do módulo de resiliência pelo método laboratorial requer equipamentos específicos e mais tempo em comparação com o método CBR

Densidade seca e teor de humidade ótimo para ensaios de sub-base

As condições de ensaio em laboratório devem ser, tanto quanto possível, próximas das condições reais. A compactação no solo é efectuada quando pelo menos 97% da densidade seca máxima é atingida com um teor de humidade ótimo. O subsolo sofre variações de humidade em relação a condições de campo distintas, por exemplo, variações de profundidade do lençol freático, variações de precipitação, permeabilidade do solo e condições de infiltração são alguns desses factores importantes.

Para a construção de novos pavimentos e obras de reconstrução, é necessário determinar o California Bearing Ratio (CBR) do solo da sub-base na condição de humidade ideal mais provável de permanecer no terreno. Para obter orientação adequada e procedimentos passo a passo, consulte a IS: 2720 Parte 16.

De acordo com o guia informativo, o ensaio deve ser efectuado em amostras remoldadas de solos de sub-base no laboratório. A espessura do pavimento avaliada deve ser derivada do valor do ensaio CBR embebido durante 4 dias da sub-base, remoldado à densidade de colocação e ao teor de humidade ótimo assegurado a partir da curva de compactação traçada.

O CBR de subgrau do percentil 90 é geralmente considerado para a conceção e o planeamento de vias rodoviárias com muito movimento, tais como vias rápidas, auto-estradas nacionais, auto-estradas estatais e principais estradas suburbanas e estradas rurais.

Módulo de resistência do sub-solo

Para a análise de pavimentos flexíveis, o módulo de elasticidade é um parâmetro importante e é calculado considerando apenas a parte elástica da deformação da amostra num ensaio de carga frequente. É um valor de entrada importante para a teoria elástica linear recomendada pelo IRC. O método laboratorial de cálculo do módulo de elasticidade envolve a realização do ensaio triaxial repetido de acordo com os passos explicados na norma AASHTO T307-99. A realização de ensaios laboratoriais é bastante devido a equipamentos dispendiosos; as seguintes relações também podem ser utilizadas para encontrar o módulo de resiliência da sub-base (M_{RS}) utilizando o seu valor CBR.

$$M_{RS} = 10.0 * CBR \text{ for } CBR \leq 5\% \qquad (5.1)$$

$$M_{RS} = 17.6 * (CBR)^{0.64} \text{ for } CBR > 5\% \qquad (5.2)$$

Onde,

M_{RS} = Módulo de elasticidade (MPa).
  CBR = coeficiente de sustentação californiano do subsolo (percentagem)

O valor do rácio de Poisson para a sub-base pode ser considerado como 0,35.

RBC eficaz para a conceção

A situação surge quando existe uma dissemelhança considerável entre os valores CBR dos solos presentes tanto na camada de base como na camada de aterro 500 mm abaixo da camada de base. Caso contrário, a sub-base de 500 mm de espessura pode ser depositada em 2 camadas, cada uma com materiais com valores de CBR diferentes. Em tais situações, o plano deve ser utilizar o material compósito

Valor do C.B.R. de uma camada de sub-base equivalente que corresponde à composição da camada de sub-base e da camada preparada. Utilizando o seguinte método, o valor do módulo de resiliência global pode ser calculado

• Podemos utilizar o software IIT-PAVE para calcular a deformação máxima resultante de uma carga de roda única de 40 000 N e utilizar uma pressão de contacto de 0,56 MPa para um sistema elástico de três camadas que incorpora um compósito (duas subcamadas) da camada de sub-base com 500 mm de densidade sobre a camada de terra semi-infinita. Utilizando as equações 5.1 e 5.2, o módulo de elasticidade das camadas de sub-base e de aterro pode ser calculado com a ajuda dos respectivos valores de CBR. O coeficiente de Poisson para todas as três camadas pode ser considerado como 0,35

•   Agora, com o valor da deformação da superfície calculado no passo anterior, o módulo resiliente (M_{RS}) do compósito de camada única pode ser estimado pela equação 5.3.

$$M_{RS} = 2(1-\mu 2)/\ \delta \qquad (5.3)$$

Onde,

p = pressão de contacto do pneu (considerada como 0,56 MPa)
a = raio da área de contacto circular
μ = rácio de Poisson
δ = deformação máxima da superfície

Nota: o valor máximo do módulo de elasticidade deve ser limitado a 100 MPa

Sub-base

A camada de sub-base tem três funções principais:

- Servir de base sólida para a camada de base granular compactada

- Servir de camada de drenagem e de filtro.

- Preservar o sub-grau de tensão excessiva

Geral

A camada de sub-base pode ser composta por materiais granulares que podem estar não ligados ou assentados devido a substâncias adicionadas, por exemplo, betão britado, cal, cinzas volantes e diferentes estabilizadores de cimento. A espessura da sub-base, independentemente de estar ligada ou não ligada, deve cumprir estes pré-requisitos úteis específicos.

Camada de sub-base granular (não ligada)

Podem ser utilizados areia normal, moorum, gravilha, laterite, kankar, tijolo triturado, pedra esmagada, escória esmagada, betão triturado recuperado, pavimento asfáltico recuperado, material do leito do rio ou diferentes misturas, de acordo com os princípios físicos e de avaliação prescritos.

Para utilizar a combinação de diferentes materiais na sub-base granular, a mistura tem de ser feita corretamente, quer com um misturador adequado, quer incorporando o método de mistura no local.

A camada de sub-base granular deve ser fornecida de acordo com as diretrizes MORTH para a construção de estradas e pontes.

No caso de a espessura da camada de sub-base proposta no projeto o permitir, a camada de sub-base terá duas camadas: a camada de drenagem e a camada de canal. A superfície superior da sub-base actua como uma camada de drenagem para remover a água que entra no interior através de fendas na superfície. A superfície inferior da sub-base deve atuar como revestimento divisório para impedir a interrupção dos solos da sub-base na superfície pavimentada. Se a profundidade projectada da sub-base granular for inferior ou equivalente a 200 mm, a camada de drenagem e a camada de canal não podem ser colocadas separadamente. Nesse caso, pode ser considerada uma camada de drenagem e filtro com propriedades de gradação da sub-base granular.

Espessura das camadas de sub-base granular

Podem ser adoptadas as seguintes espessuras mínimas de camadas de sub-base granular

- 100 mm devem ser considerados como a espessura mínima da camada de drenagem e da camada de canal.
- 150 mm deve ser a espessura mínima da camada única de filtro e drenagem, de acordo com as necessidades funcionais.

Módulo de resistência da camada de GSB

A estimativa do módulo de resistência da camada de GSB está sujeita ao valor do módulo de elasticidade da superfície da sub-base sobre a qual é colocada e à espessura da camada granular. Uma base pobre não permite um módulo mais elevado da camada superior de GSB devido à deformação excessiva registada devido a cargas mais elevadas que resultam na descompactação da parte inferior da camada granular. Para estimar o módulo de elasticidade da camada granular, pode ser utilizada a equação 5.4 e os dados necessários para o cálculo são o valor do módulo de elasticidade e a espessura da camada de suporte.

$$M_{RGRAN} = 0{,}2(H)^{0.45} * MRSUPPORT \qquad (5.4)$$

Onde,

H = Espessura da camada granular (mm)

M_{RGRAN} = Módulo de elasticidade da camada granular (MPa) MRSUPPORT = Módulo de elasticidade efetivo da camada de suporte (MPa)

Para a análise da base granular e da sub-base granular, ambas são consideradas em conjunto como uma única camada e um único valor de módulo de resistência é atribuído à camada composta. Agora, o módulo de elasticidade da camada combinada pode ser determinado utilizando a equação 5.4 e referindo M$_{RGRAN}$ como o módulo de elasticidade da camada GSB combinada e $_{MRSUPPORT}$ como o módulo de elasticidade da camada/sub-base de suporte.

O valor de entrada do coeficiente de Poisson para a camada GSB pode ser considerado como 0,35.

Base

As camadas de base são fornecidas em pavimentos flexíveis principalmente para aumentar o limite de carga, transferindo a carga ao longo de uma camada de espessura finita. A camada de base também pode ser utilizada em pavimentos rígidos pelas seguintes razões

- Para evitar a bombagem
- Para proteger a sub-base contra a ação do gelo

5.4.1 Camada de base não ligada

De acordo com as diretrizes do MoRTH, a camada de base é composta por macadame de mistura húmida (WMM), macadame ligado à água (WBM), macadame de trituração, betão recuperado, etc. Podem ser utilizadas combinações como escória de alto-forno misturada com pedra britada (de acordo com as especificações do MoRTH) para preparar macadame de mistura húmida. De acordo com as orientações, a espessura da camada de base não ligada não será inferior a 150 mm, com exceção da superfície protegida contra fissuras colocada sobre uma base tratada com cimento, para a qual a espessura será de 100 mm.

No caso de a camada de base e a camada de sub-base serem compostas por uma camada granular não ligada, o módulo de elasticidade efetivo da base granular combinada será calculado aplicando a equação 5.4 e considerando $_{MRGRAN}$ como o módulo de elasticidade da camada granular não ligada composta (MPa), "H" como a espessura equivalente composta do GSB + base e $_{MRSUPPORT}$ como o módulo de elasticidade efetivo em "MPa" da camada de suporte.

O valor de entrada do coeficiente de Poisson para bases e sub-bases granulares pode ser considerado como 0,35.

Camadas betuminosas

A principal função da camada de desgaste é proporcionar um acabamento de condução suave, espesso e confortável. Suporta a pressão exercida pelos pneus e suporta os danos e as deformações provocados pelo tráfego. Além disso, a camada de desgaste actua como uma proteção estanque contra a entrada de água na superfície.

Um pavimento betuminoso é composto principalmente por uma camada de superfície betuminosa e uma base betuminosa ou camada de ligante. O asfalto de matriz pétrea (SMA), a mistura Gap Graded com betume emborrachado (GGRB) e o betão betuminoso (BC) com ligantes modificados são sugeridos para pavimentos com maior tráfego, com um tráfego de projeto igual ou superior a 50 msa, uma vez que servem como camada de desgaste para pavimentos de superfície duráveis, resistentes ao envelhecimento e à fissuração. A mistura de asfalto de matriz de pedra é principalmente adoptada para estradas com tráfego mais intenso. É preferível utilizar ligantes modificados, uma vez que sabemos que a adição de ligantes modificados às misturas prolonga o tempo de vida útil e, além disso, previne o envelhecimento. Estradas com tráfego projetado na escala de 20-50 msa, a camada de ligante com betume VG40 pode ser fornecida na camada de desgaste. O IRC recomenda a utilização de misturas betuminosas de mástique na camada de desgaste como alternativa para estradas densamente solicitadas ou em regiões de elevada pluviosidade e pontos de cruzamento.

S.No	Traffic Level	Surface course		Base/Binder Course	
		Mix type	Bitumen type	Mix type	Bitumen type
1	>50 msa	SMA	Modified bitumen or VG40	DBM	VG40
		GGRB	Crumb rubber modified bitumen		
		BC	With modified bitumen		
2	20-50 msa	SMA	Modified bitumen or VG40	DBM	VG40
		GGRB	Crumb rubber modified bitumen		
		BC	With modified bitumen or VG40		
3	<20 msa[1]	BC/SDBC/PMC/MSS/ Surface Dressing	VG40 or VG30	DBM/ BM	VG40 or VG30

[1]For expressways and national highways, even if the design traffic is 20 msa or less, VG40 bitumen shall be used for DBM layers.

Figura 5.1 Resumo das opções de camadas betuminosas recomendadas

Mix type	Average Annual Pavement Temperature °C				
	20	**25**	**30**	**35**	**40**
BC and DBM for VG10 bitumen	2300	2000	1450	1000	800
BC and DBM for VG30 bitumen	3500	3000	2500	2000	1250
BC and DBM for VG40 bitumen	6000	5000	4000	3000	2000
BC with Modified Bitumen (IRC: SP: 53)	5700	3800	2400	1600	1300
BM with VG10 bitumen	500 MPa at 35°C				
BM with VG30 bitumen	700 MPa at 35°C				
RAP treated with 4 per cent bitumen emulsion/ foamed bitumen with 2-2.5 per cent residual bitumen and 1.0 per cent cementitious material.	800 MPa at 35°C				

Note: For the purpose of the design

Figura 5.2 Valores recomendados do módulo de elasticidade (MPa) para o revestimento de superfícies

CAPÍTULO 6 TRÁFEGO

Inquéritos de tráfego

Uma estimativa precisa do tráfego de projeto que irá provavelmente utilizar o pavimento planeado é necessária, uma vez que constitui a contribuição essencial para o planeamento, conceção, atividade e estimativa de custos. Algumas informações sobre as propriedades de movimento do tráfego que possivelmente utilizará o pavimento planeado, tal como outra estrada significativa na região de impacto da investigação, são, por isso, importantes para as previsões de tráfego futuras. Assim, é necessário efetuar um estudo exaustivo do movimento do tráfego para avaliar o tráfego atual e as suas caraterísticas. Na estimativa do tráfego de projeto, a deformação estrutural global da superfície da estrada por vários tipos de eixos que transportam cargas por eixo distintas é analisada com a ajuda de factores de danos nos veículos (VDF). Estes vários dados são necessários para estimar o tráfego de projeto (repetições cumulativas de carga por eixo padrão em msa) para a estrada especificada (para uma vida de projeto predefinida).

- Taxa média de crescimento do tráfego ao longo da vida útil do projeto
- Tráfego inicial (nos dois sentidos) após a construção registado em número de veículos comerciais por dia (cvpd)
- Vida útil do projeto
- Factores de danos do veículo (VDF)
- Estimativa da distribuição lateral do tráfego comercial na faixa de rodagem.

Os veículos comerciais com peso igual ou superior a 3 toneladas são tidos em consideração para a análise estrutural da conceção do pavimento.

Taxa de crescimento do tráfego

Para estimar o tráfego futuro que irá utilizar essa estrada até à sua vida útil de projeto, é importante conhecer a taxa de crescimento do tráfego comercial ao longo da sua vida útil de projeto. Os dados necessários para prever o aumento do tráfego durante o período de projeto são:

- Tendências dos dados anteriores sobre a inflação do tráfego.
- Flexibilidade do tráfego em relação aos parâmetros macroeconómicos.

Devido à falta de informação para determinar a taxa de aumento anual do tráfego de veículos ou quando a taxa de desenvolvimento prevista é inferior a 5 por cento, deve ser considerada uma taxa de aumento anual mínima de 5 por cento para os veículos comerciais para calcular o tráfego de projeto necessário.

Período de conceção

Para as auto-estradas nacionais, as auto-estradas estatais e as estradas urbanas, o IRC recomenda que se considere uma vida útil de 20 anos para o projeto de pavimentos flexíveis. Esta condição pode variar de acordo com a diversidade regional e climática do local do projeto proposto em diversas regiões.

Fator de danos no veículo

O fator de dano do veículo (V.D.F.) é um fator que transforma o número de veículos comerciais com diferentes combinações de eixos e cargas numa contagem igual de repetições de carga por eixo padrão.

Initial (two-way) traffic volume in terms of commercial vehicles per day	Terrain	
	Rolling/Plain	Hilly
0-150	1.7	0.6
150-1500	3.9	1.7
More than 1500	5.0	2.8

Figura 6.1 Valores indicativos do VDF

Distribuição lateral do tráfego de veículos na faixa de rodagem

6.5.1 Estradas com duas faixas de rodagem

O projeto de estradas com duas faixas de rodagem deve basear-se em 75% do número de veículos comerciais em cada sentido. Para as estradas com duas faixas de rodagem de três vias e com duas faixas de rodagem de quatro vias, os factores de distribuição devem ser de 60% e 45%, respetivamente.

Cálculo do tráfego de projeto

O tráfego de projeto deve ser calculado utilizando a equação 6.1. É estimado em termos de contagem crescente de eixos padrão a serem atendidos durante o período de vida útil de projeto do pavimento

$$N_{Des} = 365 * [(1+r)^n - 1]/r * A * D * F \qquad (6.1)$$

Onde,

N_{Des} = número acumulado de eixos-padrão a transportar durante o período de projeto de "n" anos

A = Tráfego inicial (CPVD) no ano de conclusão da construção

D = Fator de distribuição lateral

F = Fator de dano do veículo (VDF)

 n = período de projeto (anos)

r = taxa de inflação anual dos veículos comerciais em decimais

O tráfego previsto para o ano de conclusão do projeto de construção pode ser calculado pela equação 6.2.

$$A = P \, (1+r)^X \qquad (6.2)$$

Onde,

P = Contagem de veículos comerciais por dia, de acordo com o registo anterior.

x = Diferença entre o número de anos durante o último registo e o ano do fim da construção.

CAPÍTULO 7 METODOLOGIA DOS ENSAIOS LABORATORIAIS

Ensaio Proctor Standard

Materiais necessários:

1. Máquina de pesagem5
2. Compactador (2,5 kg de peso) no forno
3. Molde proctor normalizado (998cc de capacidade)
4. Peneiras de 20 mm e 4,5 mm8 ponta

. contentor

6. Amostra de solo seca

7. Cilindros graduados

. Ferramenta de

Procedimento:

- Foram utilizados 5 kg de solo seco em estufa para a experiência. Foi misturado com a quantidade necessária de água utilizando uma proveta graduada
- Em seguida, sem base e colarinho, o molde proctor foi pesado e registado. Depois, com a base e o colarinho, o espécime de solo foi preenchido em três camadas e foram dados 25 golpes uniformemente distribuídos na respectiva camada.
- Utilizando uma régua, a amostra foi aparada e a superfície foi nivelada.
- Para determinar a densidade aparente, o peso do solo compactado foi dividido pelo volume do molde proctor.
- A amostra foi colhida cuidadosamente e uma pequena quantidade de amostra foi colocada na estufa para determinar o teor de água e os métodos empregues para determinar o teor de água.
- Traçar o gráfico entre o teor de água e a densidade seca para encontrar o OMC.

Fig 7.1 Procedimento de ensaio do proctor

Teste do rácio de suporte da Califórnia (teste CBR)

APARELHOS:

Peneiras   MouldIS

CalibradoresColar de corte em   aço

    Disco espaçadorPeso de sobretaxa

    Máquina de carregamentoBalança de pesagem

Papel de filtro

PROCEDIMENTO:

- Tomando 3 amostras secas em estufa, cada uma com cerca de 7 kg, devem ser compactadas de modo a que a sua densidade compactada seja próxima de 97%, respetivamente com 10, 30 e 65 golpes.

- O peso do molde vazio deve ser feito e registado na folha de observação

- Adicionar água ao primeiro provete e compactá-lo em cinco camadas, dando um total de 65 pancadas

- Após a compactação, remover o colarinho e nivelar a superfície. Retirar a amostra para determinação do teor de humidade. Registar todas as observações com precisão

- Colocar o molde no tanque de imersão durante quatro dias

- Recolher os restantes espécimes e compactá-los de forma semelhante, repetindo todo o processo.

- Após quatro dias, medir a leitura da ondulação e determinar a percentagem de ondulação.

- Retirar o molde do reservatório e deixar escorrer a água do provete

- Em seguida, colocar o provete sob o pistão de penetração e aplicar uma carga de sobrecarga.

- Aplicar a carga e anotar os valores da carga de penetração relativamente.

- Desenhar os gráficos entre a penetração e a respectiva carga e encontrar o valor do CBR.

Fig 7.2 Aparelho de ensaio CBR-1

Fig 7.3 Aparelho de ensaio CBR 2

Fig 7.4 Ensaio da amostra no aparelho de ensaio CBR

CAPÍTULO 8 RESULTADOS E CONCLUSÕES

Resultado do teste Proctor

Realizámos ensaios de proctor em duas amostras de solos recolhidas nos locais reais.

a. Topo 500 mm
b. Fundo 500 mm

Topo 500 mm

Tabela 8.1 Resultado do ensaio Proctor para os 500 mm superiores

(Teor de água)	(Densidade seca)
7.64%	1.92
11%	1.98
15%	1.86

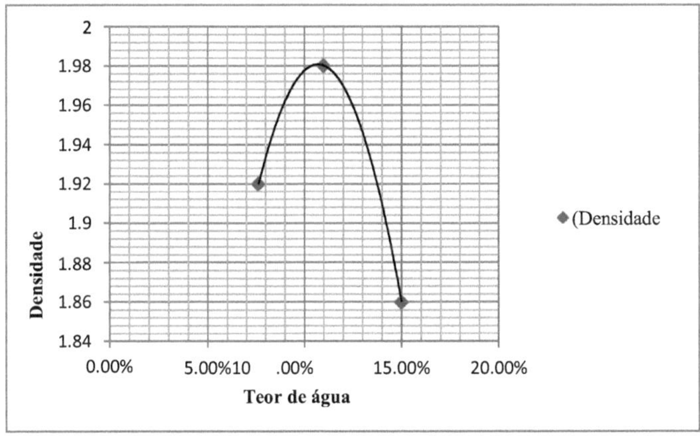

Gráfico 1 Gráfico entre a densidade seca e o teor de água

O teor de humidade ótimo para a amostra de solo acima é de **11,05%**

Fundo 500 mm

Tabela 8.1 Resultado do ensaio Proctor para o fundo 500 mm

(Teor de água)	(Densidade seca)
8%	1.92
12%	2
16%	1.85

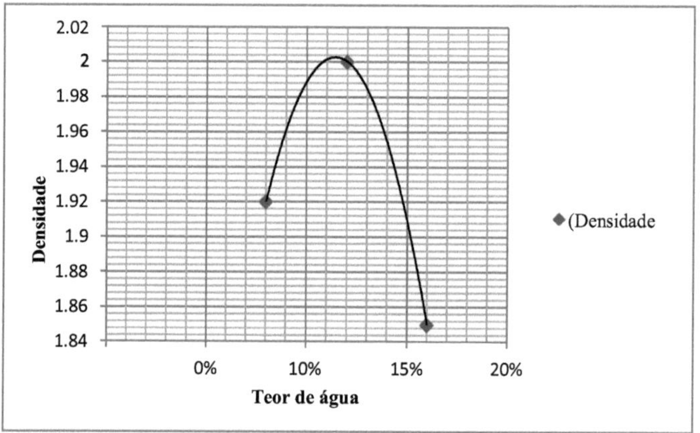

Gráfico 2. Gráfico entre Densidade Seca e Teor de Água

O teor de humidade ótimo para a amostra de solo acima referida é de **11,85%**

Resultados do teste C.B.R

Tabela 8.3 Penetração com a respectiva carga para a amostra 1

Penetração (mm)	Carga aplicada (kg)
0	0
0.5	12
1	30
1.5	71
2	109
2.5	139
3	163
4	191
5	210
CBR %	10.21%

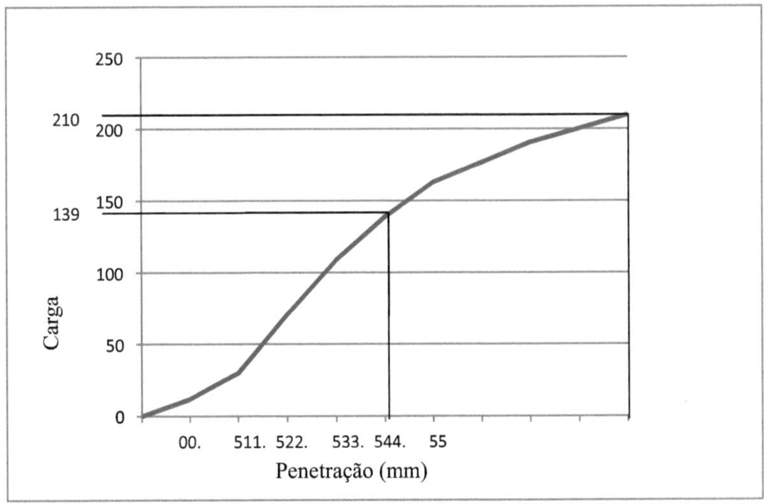

Gráfico 3 Penetração vs. carga

Tabela 8.4 Penetração com a respectiva carga para a amostra 2

Penetração (mm)	Carga aplicada (kg)
0	0
0.5	13
1	33
1.5	75
2	111
2.5	142
3	165
4	196
5	215
CBR %	10.46%

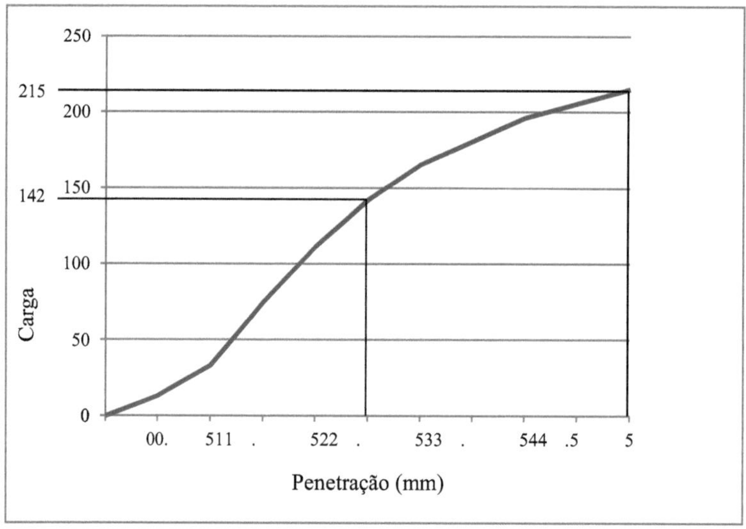

Gráfico 4 Penetração vs. carga

Tabela 8.5 Penetração com a respectiva carga para a amostra 3

Penetração (mm)	Carga aplicada (kg)
0	0
0.5	12
1	31
1.5	71
2	108
2.5	140
3	166
4	191
5	212
CBR %	10.31%

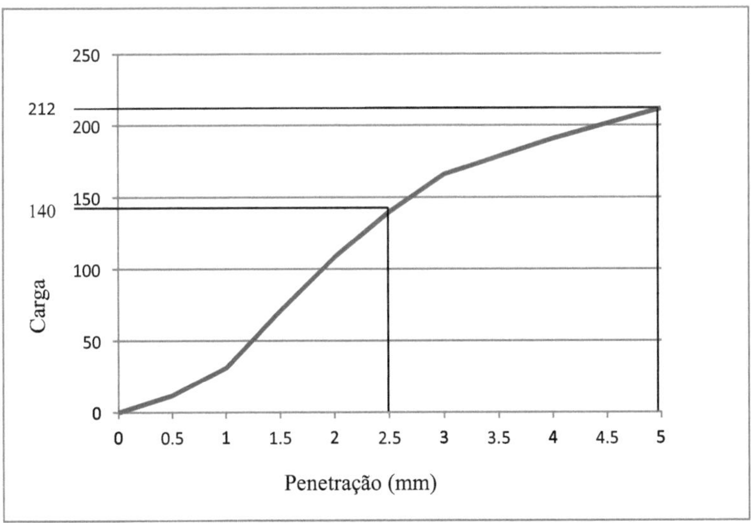

Gráfico 5 Penetração vs. carga

Assim, o valor de CBR adotado para efeitos de cálculo e conceção é de **10,5 %**

Conceção do pavimento

Já discutimos todos os parâmetros e valores dependentes que serão utilizados para projetar o pavimento. Utilizaremos o software IIT-PAVE para calcular os diferentes valores estruturais e compará-los-emos com os valores obtidos através das equações empírico-mecanísticas discutidas acima. Assim, iremos passo a passo e também explicaremos cada um dos processos que serão utilizados para elaborar a nossa abordagem de projeto económica e eficaz.

Cálculo do tráfego de projeto

Neste caso, acrescentámos o tráfego comercial registado em ambos os sentidos. Os dados de tráfego registados constam do anexo. Agora, vamos utilizar a equação 6.2 para calcular o tráfego esperado no ano de conclusão do projeto. Neste caso, a nossa contagem total de tráfego comercial é de 2215 e estamos a considerar um crescimento anual de 5%. A diferença entre a última contagem registada e o ano previsto para a conclusão da construção é de 4 anos.

Assim, colocando os valores na equação 6.2, obtemos

$$A=2215(1+0.05)^4$$

$$=2692 \text{ Veh/dia}$$

O nosso período de conceção é de 15 anos (como recomendado pelo IRC para as auto-estradas nacionais).

TABELA 8.6 Valores recomendados de V.D.F

Tipos de veículos	Km 82.000	
	Parwanoo para Solan	Solan para parwanoo
VCL	1.3	1.3
Autocarro	0.8	0.8
2T	5.28	5.28
3T	4.8	4.8
MAV	4.85	4.85

De acordo com esta tabela, seleccionaremos o nosso valor V.D.F. para o cálculo do tráfego de projeto. Como podemos ver, 5,28 é o valor máximo. Assim, tal como recomendado pelo IRC, utilizaremos o valor máximo para o nosso tráfego de projeto. O valor de V.D.F é considerado 5,28.

Uma vez que estamos a projetar o nosso pavimento para uma faixa de rodagem dupla de 2 vias e a considerar o fator de distribuição lateral como 0,75.

Agora podemos colocar todos estes valores na equação 6.1 e calcular o nosso tráfego de projeto em termos de aumento do número de eixos normalizados a transportar durante o período de projeto de "15" anos.

$$N_{Des} = [365 * \{(1 + 0,05)^{15} - 1\} * 0,75 * 1346 * 5,28] / 0,05 * 10^6$$

= 41,98 ou 42 msa

Agora temos o nosso tráfego de projeto e, com os diferentes catálogos apresentados no IRC: 37-2018, seleccionaremos um que corresponda aos nossos dados CBR e ao tráfego de projeto.

Seleção da espessura do pavimento

Agora temos os nossos dois parâmetros iniciais para a conceção do pavimento. Uma vez que a seleção da espessura exacta do pavimento é muito importante e com a nova versão das diretrizes IRC, a seleção do ensaio de espessura do pavimento é relativamente fácil. Existem vários catálogos para selecionar a espessura de ensaio necessária.

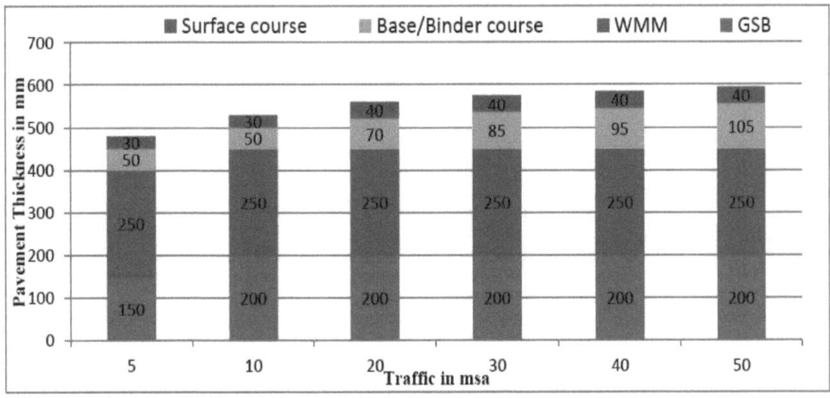

FIGURA 8.1 Espessuras de pavimento experimental para 10% CBR

Uma vez que o tráfego de projeto é de 42 msa, tal como recomendado pelo IRC, iremos adotar espessuras para um tráfego de projeto de 50 msa.

Camada de superfície = 40 mm Camada de ligação = 105 mm

Macadame misturado com água = 250 mm Sub-base granular = 200 mm

Estimativa do módulo de resistência de cada camada

A CBR efectiva da sub-base é de 10,5%

Utilizando a equação 5.2, podemos calcular o módulo de resiliência do subleito como o nosso CBR > 5% $M_{RS} = 17,6 * (10,5)^{0.64}$

= 79 MPa (inferior a 100 MPa)

Uma vez que o tráfego de projeto calculado excede 50 msa, forneceremos asfalto de pedra ou BC com betume modificado na camada de desgaste e ligante de macadame betuminoso denso com VG40.

Visto que, no local de origem do pavimento, a temperatura média anual é equivalente a 35°C, o módulo de elasticidade da camada de superfície e da camada de base é de 3000 MPa.

Selecionou-se uma espessura experimental com 145 mm de camada betuminosa total, com 40 mm de espessura de camada de superfície, 55 mm de espessura de macadame betuminoso denso-II, 50 mm de espessura de macadame betuminoso denso rico em fundo-I; 250 mm de espessura de base granular (WMM) e 200 mm de espessura de GSB. Espessura combinada da camada granular = 450 mm

O rácio de Poisson para todas as camadas pode ser considerado como 0,35

A pressão de contacto dos pneus pode ser considerada como 0,56 e a distância radial 310 mm para o conjunto de duas rodas Módulo de resistência para a camada granular = $0,2 \times (450)^{0.45} \times 79 = 247$ MPa

O número de camadas é considerado como 3

Estimativa de modelos de desempenho de fiabilidade

Para aplicar modelos de desempenho de fiabilidade de 90% para o afundamento do subleito e a fissuração da camada betuminosa, é necessário analisar a espessura do pavimento experimental utilizando o software IIT-PAVE e calcular todos os valores dos parâmetros discutidos acima como entrada no software IIT-PAVE.

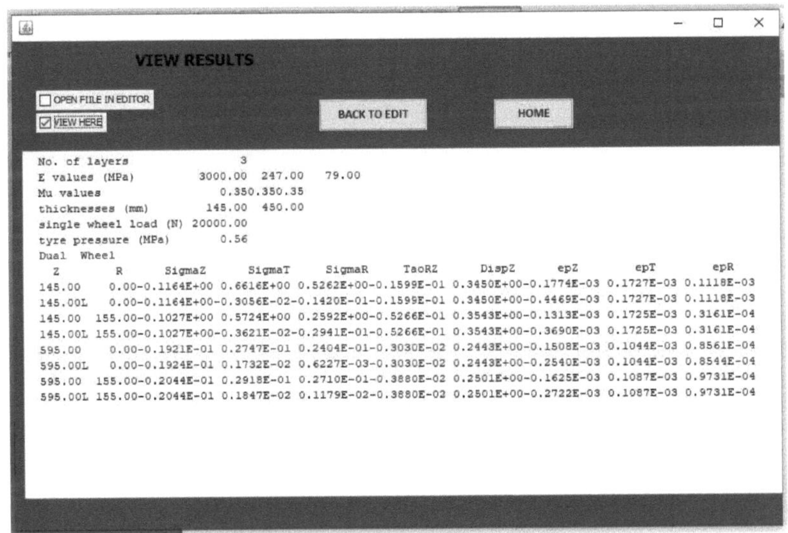

Figura 8.2 Valores de entrada para o software IIT-PAVE

FIGURA 8.3 Resultados do IIT-PAVE para avaliação do pavimento

A janela de saída mostra 2 opções para aceder ao resultado através de "Abrir ficheiro no editor" ou "ver aqui". A janela de saída mostra todos os valores introduzidos e também mostra os valores calculados das tensões verticais e horizontais, das deformações e das deflexões para o ponto em que a profundidade da localização medida a partir da superfície e a distância radial da localização tomada a partir do centro da região de contacto circular da carga selecionada. As funções mecanístico-empíricas apresentadas na janela de resultados são: tensão vertical como SigmaZ, tensão tangencial como SigmaT, tensão radial como SigmaR, tensão de corte como TaoRZ, deflexão vertical como DispZ, deformação vertical como epz, deformação tangencial horizontal como epT e deformação radial horizontal como epR.

a deformação horizontal de tração ($\Box$t) será o máximo entre as deformações tangencial e radial na base da superfície do betume, medidas a duas distâncias radiais de "0" e "155", e $\Box$t será calculado como 0,0001727 (0,1727*10^{-3}), que é o máximo de todas as quatro deformações produzidas, ou seja, 0,0001727, 0,0001725, 0,0001118 e 0,00003161.

Da mesma forma, a deformação de compressão vertical ($\Box$v) será mostrada a partir dos resultados referentes à linha inferior dos grupos duplos de resultados obtidos para a superfície comum entre a camada granular e a sub-base. Assim, o valor $\Box$v de 0,0002722 (0,2722*10^{-3}) é o maior dos dois valores de deformação calculados a partir da intersecção entre a sub-base e a camada granular, ou seja, 0,0002722 e 0,0002540.

- Deformação de compressão vertical admissível calculada com base na equação 3.1 para um tráfego de projeto de 42 msa e para uma fiabilidade de 90 % = 0,000456 (0,456 X 10)$^{-03}$
- Deformação horizontal admissível à tração calculada na base da camada de betume utilizando a equação 3.4 para um tráfego de projeto de 42 msa, 90% de fiabilidade, um teor de vazios de ar de 3% e um volume efetivo de ligante de 11,5%, e um módulo resiliente de 3000 MPa para uma camada de macadame betuminoso denso de fundo rico = 0,000210 (0,210 X 10)$^{-03}$
- Analisámos o projeto do pavimento utilizando o software IIT-PAVE, fornecendo os seguintes dados, tais como o módulo de resistência de 3000 MPa, 247 MPa e 79 MPa para as três camadas, valores do coeficiente de Poisson de 0,35 para todas as camadas respectivas, espessuras de camada de 145 mm e 450 mm de acordo com as espessuras de ensaio seleccionadas. A nossa tensão de tração horizontal calculada = 0,000172 < 0,000210. Por conseguinte, a nossa espessura de ensaio e o nosso design estão corretos.

$\Box$ A nossa tensão de compressão vertical calculada = 0,000272 < tensão admissível de 0,000456. Assim, a espessura experimental e o desenho estão bem e podem ser adoptados para construção.

Conclusões

- Estes procedimentos são seguidos de acordo com as normas IRC e o projeto de pavimento flexível é analítico. O projeto pode ser utilizado como base para a análise de novos projectos, de modo a remodelar as bases para alterações actualizadas de acordo com os avanços tecnológicos para meios de propagação superficiais. As limitações são verificadas e as inovações são efectuadas após verificações analíticas e normalizadas. Os dados fornecidos neste relatório devem ser aplicados no pavimento do local, de modo a verificar a melhor supervisão, se houver, nas proximidades do local especificado. Isto será muito importante para futuras modificações.

- Verificámos que o estudo do tráfego é importante para a conceção de qualquer pavimento flexível. Estes estudos ajudariam a conceber e planear o aumento da capacidade de forma faseada. Isto asseguraria que os recursos são gastos de forma prudente, em relação à procura de deslocações.

- Os pavimentos flexíveis são preferidos em relação às estradas de betão porque têm a grande vantagem de poderem ser construídos e melhorados por fases com o aumento do tráfego e também porque as suas superfícies podem ser esmeriladas e reutilizadas para reparação. Os pavimentos flexíveis são mais económicos (investimento mínimo e trabalhos de reparação).

- A duração do pavimento flexível é de cerca de 15 anos, cujo custo inicial é inferior e necessita de uma manutenção periódica após um determinado período de tempo. Verifica-se que os pavimentos flexíveis são menos dispendiosos e eficazes para um menor volume de tráfego.

- As funções do pavimento nas camadas podem ser examinadas pelo software IITPAVE, que recebe dados em termos de número de camadas, das respectivas espessuras e do módulo de resistência. As combinações de pavimentos experimentais e as espessuras das camadas são selecionadas através de catálogos IRC fornecidos nas diretrizes IRC e as funções estruturais nos pontos críticos são dadas utilizando o software IIT-PAVE. As deformações e tensões admissíveis são calculadas a partir do modelo mecanicista-empírico de fadiga e de rotura, para o tráfego de projeto calculado.

- Todos os procedimentos de conceção acima referidos foram efectuados de acordo com o IRC: 37-2018 ou com as orientações anteriores do IRC.

- As propriedades do tráfego e do solo da sub-base são importantes para o projeto de qualquer pavimento. O mais recente método IRC de conceção de pavimentos pode ser utilizado para estimar a espessura total do pavimento devido à sua abordagem fácil e precisa.

• Este método de conceção de pavimentos será útil se for necessária uma conceção de pavimentos não convencional na construção de pavimentos, uma vez que proporcionará um melhor desempenho da superfície do pavimento, aumentando assim o tempo de vida útil e conduzindo a poupanças económicas.

Este projeto de construção de quatro faixas de rodagem na estrada nacional entre Parwanoo e Solan foi um verdadeiro desafio, mas informativo. O projeto é excelente para aprender vários aspectos do projeto que devem ser considerados para a construção de um pavimento flexível. Durante o trabalho de projeto, foram abordados todos os procedimentos de conceção de pavimentos flexíveis, tais como estudos de tráfego, previsões de tráfego, seleção de parâmetros de conceção, metodologia de construção, investigação de materiais e ensaios de materiais, etc. Durante a visita ao local, fomos à construção real e interagimos também com os engenheiros do projeto. Além disso, discutimos os problemas enfrentados durante a implementação do projeto real, juntamente com as suas soluções. Em geral, este projeto baseado na indústria é muito útil do ponto de vista da aprendizagem. As referências das várias fases deste projeto serão muito úteis para o trabalho futuro nesta área.

REFERÊNCIAS

• AASHTO, Guide for Design of Pavement Structures, Associação Americana de Funcionários Estaduais de Rodovias e Transportes, Washington, 1986

• A Ahmed, "Pavement Distresses Study: Identification and Maintenance (case study), "M.Sc. thesis, University of Sudan, 2008.

• Er. D Kumar Chowdary e Dr. Y.P Joshi (2014). "Um estudo detalhado do método CBR para o projeto de pavimentos flexíveis" Int. Journal of Engineering Research and Application, Vol.4:2248-962.

• Hofstra, A.,and Klomp, A.J.P. Permanent Deformation of Flexible pavement under simulated Road traffic conditions, Proceedings,Third International Confrence on the structural design of Asphalt pavements, Vol,I, London, 613-621. 1972 .

• I.S: 2720 (Parte VII)-1980: "Norma indiana para a determinação do teor de água - relação de densidade seca usando compactação leve", Bureau of Indian Standards Publications, Nova Deli.

• I.S: 2720 (Parte XVI)-1965: "Indian standard for laboratory determination of CBR", Bureau of Indian Standards Publications, New Delhi .

• Código I.S. 2720 (Parte viii)-1965, determinação da densidade seca máxima e do teor ótimo de água.

• IRC: 37-2018 "Diretrizes para a conceção de pavimentos flexíveis", Nova Deli, 2018.

• IRC: SP: 84 - "Manual de especificações e normas para a construção de auto-estradas com quatro faixas de rodagem através de parcerias público-privadas" Nova Deli, 2009.

• IRC: 70(1997) "Orientações sobre a regulamentação e o controlo do tráfego misto nas zonas urbanas"

• Khanna, S.K., e Justo, C.E.G., (1993), "Highway Engineering", New Chand and Bros, 7ª edição, Nova Deli

• MEPDG, "Guide for Mechanistic-Empirical Pavement design Guide", AASHTO, 2008.

• Ravinder Kumar(2014), "Traffic Analysis and Design of Flexible Pavement With Cemented Base and Subbase" (Análise de tráfego e projeto de pavimento flexível com base e sub-base cimentadas) International Journal of Engineering Research & Technology (IJERT) .

• Sousa, J.B., Craus, J. e Monismith,C.L.,(1991). Summary report on permanen Deformation in Washington, Universidade da Califórnia.

• Sireesh Saride, Pranav R. T. Peddinti, Munwar B. Basha (2019), "Reliability Perspective on Optimum Design of Flexible Pavements for Fatigue and Rutting Performance" (Perspetiva da fiabilidade na conceção óptima de pavimentos flexíveis para o desempenho em termos de fadiga e de cio), Sociedade Americana de Engenheiros Civis.

- S. S. Kumar, R. Sridhar, K. Sudhakar Reddy e S. Bose, "Analytical Investigation on the Influence of Loading and Temperature on Top-Down Cracking in Bituminous Layers," *Journal of Indian Roads Congress,* vol. 69, no. 1, pp. 71-77, 2008.

- Pranshul Sahu, Ritesh Kamble (2017), "estudo experimental sobre a conceção de um pavimento flexível utilizando o método CBR" International Journal of Mechanical And Production Engineering,

- P. Sikdar, S. Jain, S. Bose, P. Kumar, "Premature Cracking of Flexible Pavements," Journal of Indian Roads Congress, 1999, 355 - 398.

- W. Woods, A. Adcox, "A GeneraCharacterization of Pavement System Failures, with Emphasis On a method for selecting a repair process," Journal of Construction Education, 2004, 58 - 6

APÊNDICE

APÊNDICE A: Dados de tráfego registados

Tabela A.1 Tráfego médio diário (ADT)

Categorias	ADT (Parwanoo a Solan)		ADT (de Solan a Parwanoo)	
	Veículos	PCU	Veículos	PCU
2 Rodas	707	354	674	337
3 Rodas	8	8	8	8
Automóveis	4200	4200	3766	3766
Mini VCL	412	412	403	403
Miniautocarro	103	155	65	98
Autocarro standard	245	735	239	717
LCV (4 pneus)	81	122	105	158
LCV (6 pneus)	412	618	382	573
2- Eixo	223	669	242	726
3 eixos	30	90	22	66
MAV(4-6)	27	122	30	135
OSV(7++Axle)	-	-	-	-
HCM/EME	5	23	4	18
Tractores com reboque	1	5	1	5
Tractores sem reboque	1	2	-	-
Biciclo	1	1	3	2
Ciclo-riquixá	1	2	1	2
Desenhado à mão	2	6	3	9
Veículo isento	56	56	60	60
Tráfego comercial total	1126	2534	1089	2491
Tráfego total com portagem	5738	7146	5258	6660
Tráfego total	**6515**	**7580**	**6008**	**7083**

Tabela A.2 Tráfego médio diário anual (AADT)

Categorias	AADT (Parwanoo a Solan)		AADT (Solan a Parwanoo)	
	Veículos	PCU	Veículos	PCU
2 Rodas	707	354	674	337
3 Rodas	8	8	8	8
Automóveis	4116	4116	3691	3691
Mini VCL	404	404	395	395
Miniautocarro	101	152	64	96
Autocarro standard	240	720	234	703
LCV (4 pneus)	79	120	103	155
LCV (6 pneus)	404	606	374	562
2- Eixo	219	656	237	711
3 eixos	29	88	22	65
MAV(4-6)	26	120	29	132
OSV(7++Axle)	-	-	-	-
HCM/EME	5	23	4	18
Tractores com reboque	1	5	1	5
Tractores sem reboque	1	2	-	-
Biciclo	1	1	3	2
Ciclo-riquixá	1	2	1	2
Desenhado à mão	2	6	3	9
Veículo isento	56	56	60	60
Tráfego comercial total	1103	2485	1067	2442
Tráfego total com portagem	5623	7005	5153	6528
Tráfego total	**6400**	**7439**	**5903**	**6951**

Quadro A.3 VDF calculado

Tipos de veículos	Total de veículos	Tamanho da amostra	% de amostra	Veículos vazios	VDF médio
Parwanoo para Solan					
VCL	602	99	16%	7	1.3
2T	178	61	34%	0	5.28
3T	32	8	25%	4	4.8
MAV	30	7	23%	4	3.33
Total	**842**	**175**	**21%**	**15**	
Solan para Parwanoo					
VCL	483	88	18%	58	0.28
2T	236	50	21%	19	1.38
3T	22	11	50%	6	2.19
MAV	31	2	6%	0	4.85
Total	**772**	**151**	**20%**	**83**	

Tabela A.4 Valores recomendados de V.D.F

Tipos de veículos	Km 82.000	
	Parwanoo para Solan	Solan para parwanoo
VCL	1.3	1.3
Autocarro	0.8	0.8
2T	5.28	5.28
3T	4.8	4.8
MAV	4.85	4.85

APÊNDICE B: Tabela/Folha de observação dos resultados dos ensaios do solo do sub-solo

Quadro B.1 Folha de observação para o ensaio do proctor

Observações						
Diâmetro do molde	10cmAltura 12,73		cmVolume 1000 cc		Peso 1985,5 gm	
Densidade	Topo			Fundo		
Determinação Não	1	2	3	4	5	6
Peso da água adicionada (gm)	440	660	880	440	660	880
Peso do molde + solo compactado (gm)	4052.4	4177.9	4126.4	4059.1	4228	4140.9
Peso do solo compactado (gm)	2067	2192.4	2141	2073.6	2242.5	2155.4
Teor médio de humidade, w%	8%	12%	16%	8%	12%	16%
Densidade aparente (gm/cc)	2.067	2.1924	2.141	2.0736	2.242	2.155
Densidade a seco (gm/cc) = Densidade aparente/1+w	1.92	1.98	1.586	1.92	1.99	1.85
Teor de água	Topo			Fundo		
Contentor não	8%	12%	16%	8%	12%	16%
Peso do recipiente (gm)	19.3	18.9	19.5	19.3	18.9	19.5
Peso do recipiente + solo húmido (gm)	101.1	118.5	128	87.5	52.7	61.4
Peso do recipiente + solo seco (gm)	95.2	108.7	113.9	82.5	49	55.5
Teor de água	7.64%	11%	15%	7.91%	12.29%	16.38%

Quadro B.2 Folha de observação do RBC

TOP 500 mm			
	Amostra-1	Amostra-2	Amostra-3
Penetração (mm)	Carga aplicada (kg)	Carga aplicada (kg)	Carga aplicada (kg)
0	0	0	0
0.5	12	13	12
1	30	33	31
1.5	71	75	71
2	109	111	108
2.5	139	142	140
3	163	165	166
4	191	196	191
5	210	215	212
CBR %	10.21%	10.46%	10.31%

Anexo A: Instalação e utilização do software IIT-Pave

O software IIT-Pave é um software gratuito, disponível e distribuído juntamente com a versão mais recente do IRC: 37-2018. É possível descarregá-lo e instalá-lo.

Instalação do IITPAVE

Para instalar o IIT-PAVE, basta copiar e colar a pasta **IRC_37_IIT-PAVE** no seu sistema e instalar o Java clicando no ficheiro **jre-7u2-windows-i586.exe**. É necessário estar ligado à Internet até à instalação.

Como utilizar o IITPAVE para a análise de pavimentos flexíveis?

Os passos seguintes podem ser referidos para a análise de pavimentos flexíveis utilizando o IITPAVE

(i) Localizar e abrir a pasta **IRC_37_IIT-PAVE**.

(ii) Faça duplo clique no ficheiro **IIT-PAVE_EX.exe** na pasta IRC_37_IITPAVE. Aparecerá o ecrã inicial do IIT-PAVE, como mostra a Figura A.1

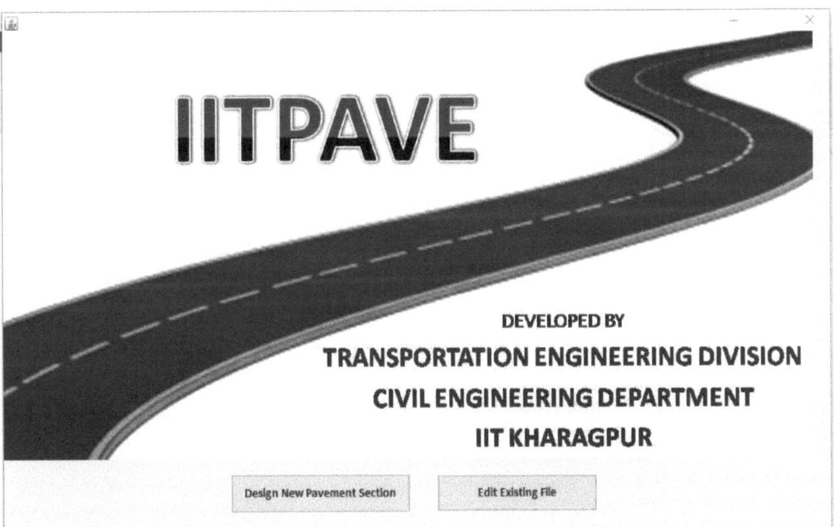

Figura A.1 Vista do ecrã inicial

(iii) Clique em conceber novo pavimento

(iv) Aparecerá uma janela pop-up de introdução de dados, como indicado na figura A.2

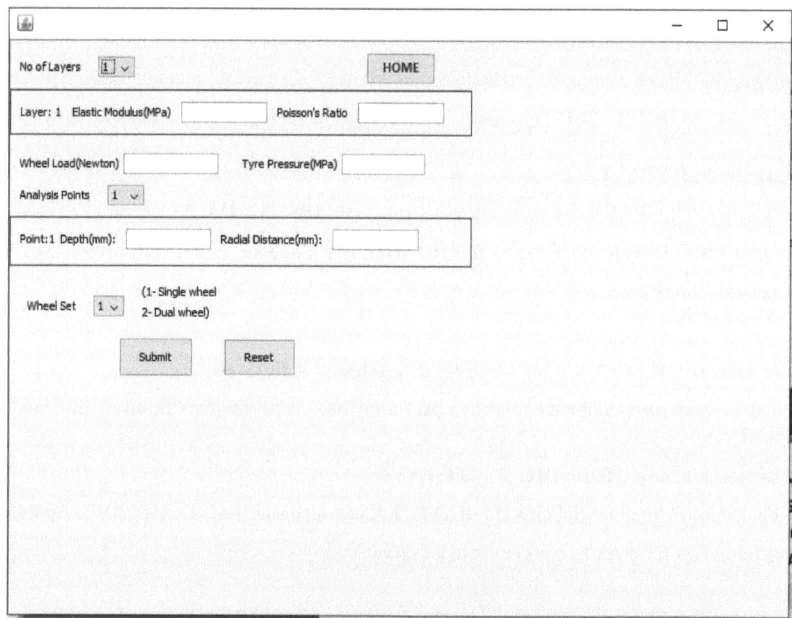

Figura A.2 Vista do ecrã de entrada

O número de camadas pode ser selecionado até 10. Podem ser introduzidas diferentes espessuras de camadas, o seu módulo de resistência e o valor do coeficiente de Poisson. Os valores da carga da roda e da pressão dos pneus devem ser introduzidos. Por fim, temos de selecionar diferentes pontos de análise onde pretendemos obter os valores das diferentes funções estruturais. A profundidade e a distância radial de acordo com a espessura da camada e as diretrizes do IRC podem ser referidas como valores de entrada.